课本里学不到的
疯狂科学实验

模拟与展现

段伟文　主编

中国科学技术出版社

·北京·

图书在版编目(CIP)数据

课本里学不到的疯狂科学实验. 模拟与展现 / 段伟文主编. -- 北京:
中国科学技术出版社, 2022.10
ISBN 978-7-5046-9800-1

Ⅰ. ①课… Ⅱ. ①段… Ⅲ. ①科学实验—青少年读物
Ⅳ. ①N33-49

中国版本图书馆CIP数据核字（2022）第172123号

前 言

　　科学素质是公民素质的重要组成部分，也是少年儿童成长为合格公民的必备素质。科学素质的基础是了解必要的科学技术知识，掌握基本的科学方法，树立科学思想，崇尚科学精神。科学素质的培养要从娃娃抓起，为了成长为建设创新型国家的主力军，广大少年儿童不仅要掌握必要的和基本的科学知识与技能，还要积极开展各种生动有趣的科学实验，从中体验科学探究活动的过程，培养良好的科学态度、情感与价值观，将自己造就为具有创新意识、探究兴趣和实践能力的有用之才。

　　科学探究的动力来自人们对自然界与生俱来的好奇心。边缘长满小齿的草叶让鲁班发明了锯，头顶上的浩瀚星空使托勒密和哥白尼想到了宇宙体系，对教堂里吊灯微微摆动的关注使伽利略发现了单摆的等时性，对苹果落地的好奇让牛顿找到了万有引力，对孵小鸡都感到新奇的好奇心让爱迪生给人类带来了电灯、留声机等数以千计的发明。利用自然的力量造福人类的理想，为我们带来了日新月异的科技文明。作为现代文明标志的电话、电视、汽车、计算机，无一不是科技的力量与人类的目标相结合的产物；绿色能源、深海潜水、载人航天的成功，无一不是创新与人类的需要相互激荡的结果。

　　科学并不神秘，更没有什么代表科学力量的"魔法石"，科学的本质在于好奇心和造福人类的理想驱使下的探索和创新。大自然喜欢隐藏她的奥秘，往往不直接回应我们的追问，但只要善于思考、勤于动手、大胆假设、小心求证，每个人都能像科学大师一样——用永无止境的探索创新来开创人类的文明。

　　小朋友，快快翻开这套书，用你们与生俱来的好奇心和造福人类的纯真理想开创一条探索创新之路吧！

目 录

一年和四季

　　春天温暖，夏天炎热，秋天凉爽，冬天寒冷。那么，四季是如何形成的呢？原来，地球在不停地围绕太阳公转，这是地球上四季交替的根本原因。地球完成一次公转的时间大约是365.25天。

　　地球公转的最大特点是：它总朝着一个方向倾斜着身子。在地球以它固有的姿势绕太阳公转一圈的过程中，南、北半球受太阳照射的情况在不断变化，于是产生了寒来暑往的循环。当地球以北半球斜对太阳时，赤道以北的地区得到较多的太阳光，处于夏季；同时，赤道以南的地区正好处于冬季。当地球转到另一侧时，南半球斜对太阳，赤道以北的地区得到的太阳光较少，处于冬季；赤道以南的地区则处于夏季；而

春季和秋季是中间的过渡阶段。地球绕太阳一周，在我们的日历上是一年的时间。

下面，我们将利用网球和灯泡，了解地球是如何围绕太阳公转的。

·探索主题·

地球公转和四季

提出假说

四季交替、寒来暑往是由地球绕太阳公转引起的。

实验材料

1 一个网球
2 一支笔
3 一盏台灯

搜集资料

到图书馆或上网查找相关资料：地球公转、年、四季。

安全提示

1 打开台灯一段时间后，灯泡会变热，小心别烫伤手。
2 在给台灯通电时，要小心别触电。

·实验设计·

在暗室中或夜晚熄灯后的房间中，用不动的灯泡代表太阳，用有一定倾斜角度固定的网球（也可用乒乓球代替）代表地球，使网球绕灯泡旋转，观察网球不同部位受光程度的变化。由网球受光的变化情况推想四季与地球公转的关系，就可以理解地球公转如何引起四季交替了。

注：网球上的N代表地球的北极，S代表南极。

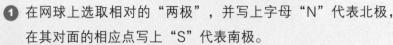

① 在网球上选取相对的"两极"，并写上字母"N"代表北极，在其对面的相应点写上"S"代表南极。

② 在网球中间画一个圈，使其至两极等距离，代表赤道。

③ 用一只手的拇指和中指捏住网球的"南、北两极"。

④ 在桌上放一盏台灯，摘去灯罩，用灯泡代表太阳，让网球绕这个"太阳"运动。在此过程中要保证不论网球转到灯泡的哪一边，都往相同的方向倾斜。

 在不同位置时网球不同部位的受光程度

网球部位　　　　网球位置 受光程度	东	西	南	北
赤道以上（北半球）				
赤道以下（南半球）				

分析讨论

① 当我们居住的这部分地球倾向和偏离太阳时，分别是什么季节？

② 当我国处于夏季时，美国处于什么季节？澳大利亚又处于什么季节？

发散思考

① 在实验中，如果网球倾斜的方向不定，会有什么情况发生？

② 昼夜交替是由什么造成的？可不可以用相同的实验装置模拟？

白天和黑夜

每天早晨，太阳从东边升起，到了傍晚，又从西边落下。太阳从天空中走过，昼夜交替。许多年前，人们认为，因为太阳绕着地球运动，才造成了这样的景象，并因此相信地球是宇宙的中心。

直到1543年，波兰天文学家哥白尼在其著作中完整地提出"日心说"理论，人们才知道，实际上是地球在绕着太阳运动。同时，地球还绕自转轴自西向东转动，昼夜交替就是地球自转造成的。地球自转一周的耗时约为23小时56分钟。

下面，我们将在暗室中做实验，来模拟并理解这一现象。

· 探索主题 ·

地球自转与昼夜交替

提出假说

地球自转造成昼夜交替。

搜集资料

到图书馆或上网查找

相关资料：地球自转。

实验材料

1. 一盏台灯
2. 一个地球仪
3. 少许胶布
4. 一把剪刀

安全提示

使用剪刀时，小心

不要伤到手指。

·实验设计·

地球绕太阳转动的同时也在自转。在暗室中，用固定的灯泡模拟太阳，用自己的头模拟地球。在原地慢慢转圈，看到光时，相当于地球上的白天；看不到光时，相当于地球上的黑夜。

·实验程序·

1. 在暗室中打开台灯，让它固定不动，以此代表太阳，实验者自己则代表地球。

2. 实验者在距台灯一定距离的地方原地慢慢转圈，从实验者的角度看去，"太阳"似乎在做什么运动？体会见到"太阳"和见不到"太阳"的情况交替出现。

③ 固定地球仪，在上面找到你所处的大概位置，贴一块胶布作为标记。

④ 让地球仪慢慢地绕自己的轴转动，观察胶布每次转入和转出台灯光照范围的情况。

·实验数据· 实验者在运动中观察到的现象和分析

运动状态或位置	转动中	背向光	面向光
观察到的现象			
相应的昼夜情况			

分析讨论

① 地球是宇宙的中心，太阳绕着地球运动，这种说法对吗？

② 为什么地球上会有白天和黑夜？

③ 你这里是白天，那么地球的另一面是白天还是黑夜？

发散思考

① 地球上有没有不分白天和黑夜的地方？

② 夏季白天长，冬季黑夜长。结合以前学过的知识，再查阅资料，想一想这是为什么？

日食和月食

当太阳、月球和地球运动到几乎一条直线上，月球挡住太阳射向地球的光时，日食就发生了。

当太阳、地球和月球运动到几乎一条直线上，月球进入地球的阴影时，就出现了月食。

日食的形态取决于你在地球上所处的位置。日食发生时，有的地区的人能看到日全食，有的地区的人能看到日偏食，有的地区的人则看不到日食。

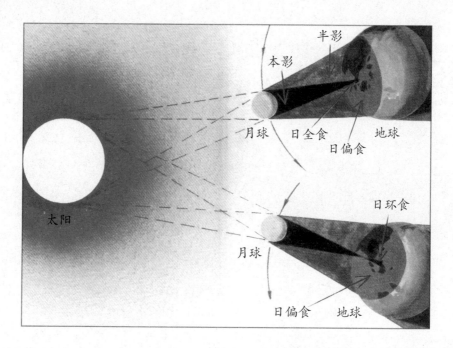

月食有3种类型，即月全食、月偏食和半影月食。月食发生时，有的地方能看到，有的地方则看不到。

下面我们将利用灯泡和乒乓球来模拟日食和月食的发生。

探索主题

日食和月食

搜集资料

到图书馆或上网查找相关资料：日食、月食。

提出假说

日食是由于月球遮住了太阳光造成的，月食是由于地球遮住了太阳光造成的。

实验材料

1. 一盏台灯
2. 一个乒乓球

· 实验设计 ·

实验者的头代表地球，台灯的灯泡代表太阳，乒乓球代表月球。当乒乓球在灯泡和头之间，挡住了灯泡的光时，就像是日食现象发生了；当头在灯泡和乒乓球之间，挡住了照在乒乓球上的光时，就代表月食现象发生了。

· 实验程序 ·

1. 夜晚熄灯后，在你与打开的台灯之间架起乒乓球。台灯的灯泡代表太阳，乒乓球代表月球，你的头代表地球。调整乒乓球到合适的位置，光线会被全部遮住，你就看到了"日全食"。

② 轻微移动你的头，会看到"日全食"变成了"日偏食"，再多移动一点，你就看不到"日食"了。

③ 让台灯的光照射头的一侧，将架起的乒乓球置于头的另一侧。调整乒乓球到合适的位置，你的头会挡住光线，使"月球"完全处于阴影中，这时就代表"月全食"发生了。

④ 轻轻移动乒乓球，会看到"月球"有一部分被照亮，这就代表"月偏食"发生了。

·实验数据·

日食、月食图景及太阳（台灯）、地球（头）和月球（乒乓球）的位置关系

自然现象	日全食	日偏食	日环食	月全食	月偏食
三者的位置关系					
所见图景					

分析讨论

① 传说日食和月食是不祥之兆，这种说法对吗？

② 日食发生时，是什么遮住了太阳光呢？

③ 月食发生时，又是什么遮住了太阳光呢？

发散思考

① 为什么没有月环食？

② 日食和月食发生时，太阳、地球和月球一定要几乎在同一条直线上吗？为什么？通过实验检验一下。

彩 虹

　　雨过天晴的时候，或是在刚刚洒过水的空气中，我们有可能看到美丽的彩虹。

　　太阳光平时看起来是白色的，而实际上它是由赤、橙、黄、绿、蓝、靛、紫七种颜色的光组合而成的。光被折射后，会发生色散现象，被分成多种颜色的光，彩虹就出现了。雨过天晴或洒过水时，空气中有很多小水滴，太阳光就会被这些水滴折射而发生色散，形成美丽的彩虹。

　　下面我们将用水来折射太阳光，制造并观察彩虹。

·探索主题·

彩虹的形成

搜集资料

到图书馆或上网查找相关资料：彩虹、光的折射。

提出假说

当阳光被色散成各种颜色的光时，彩虹就出现了。

实验材料

1. 一个水盆
2. 水
3. 一块平面镜
4. 白色纸片
5. 一块小石头

安全提示

使用镜子时要小心，不要打碎镜子而伤到自己。

·实验设计·

从理论上来说，水可以用来折射光，平面镜可以用来反射光。当光线穿过空气进入水中，再从水中进入空气时，光都会被折射和色散。我们把一块平面镜放在一盆水的底部，这样从水面进入的光会经过两次折射和一次反射后，又从水面出来。如果彩虹是由于阳光被色散成各种颜色的光而形成的，那么，这时水面上方将会出现彩虹。

实验程序

1. 将盆中注满水。
2. 把一块平面镜和一块小石头放进水盆里，利用小石头让平面镜斜靠在水盆边。
3. 让阳光射到平面镜上，或是打一束光到平面镜上。
4. 拿一张白色纸片在水面上方对着平面镜调整角度，直到彩虹出现在纸片上。
5. 如果周围有天花板或白色的墙壁，看看上面有没有彩虹。如果没有，调整平面镜的角度，使彩虹出现在天花板或墙壁上。

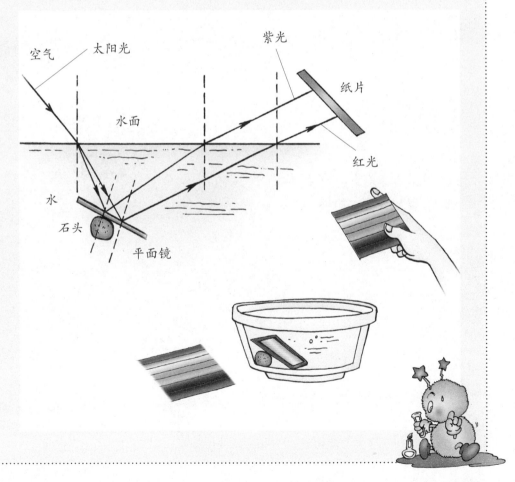

· 实验数据 · 彩虹的情况

实验材料	有无彩虹		颜色顺序（由上至下）
	有	无	
白色纸片			
天花板或墙壁			

分析讨论

① 在本实验中，白色纸片、天花板或墙壁上有彩虹吗？解释这个现象。

② 在实验中，是什么折射了太阳光？

③ 看似白色的太阳光实际上是由哪几种颜色的光组成的？

发散思考

① 无论平面镜以什么角度放在水盆底，阳光以什么角度射入，都会有彩虹形成吗？为什么？

② 如果把水换成酒精、汽油或玻璃，也会有彩虹出现吗？

③ 想想还有其他方法可以制造彩虹吗？

制造云雾

　　云海和晨雾常常让我们浮想联翩。它们是怎样形成的呢?

　　白云是由悬浮着的冰粒或小水滴组成的, 它们散射各种颜色的光, 所以看起来就是白色的。在寒冷的冬天, 嘴里哈出的气变成了淡淡的云雾。那是因为呼出的水蒸气马上凝结成了小水滴。如果想进一步研究这些云雾的形成, 你可以制造一个小冰箱来"造云"。

现在科技发展了, 云雾都可以人为制造了!

· 探索主题 ·

云 雾

搜集资料

到图书馆或上网查找有关资料：云雾、光的散射。

提出假说

云雾是由悬浮着的冰粒或者小水滴组成的。

实验材料

① 一个大铁罐　　④ 食盐

② 一个小铁罐　　⑤ 一支手电筒

③ 若干碎冰块

· 实验设计 ·

　　只要我们制造一个0℃以下的环境，湿空气通过时，水蒸气就会凝结成小水滴，从而产生云雾。最容易得到的湿空气是什么呢？哈哈，就是我们呼出的气啊！它的相对湿度可是100％哦！

· 实验程序 ·

1 把碎冰块和食盐按3∶1的体积比配制好。

2 在大铁罐里先铺一层冰盐混合物。

3 把小铁罐放在大铁罐的中间，在其与大铁罐的间隙处也放满冰盐混合物。

4 对着小铁罐吹口气。

5 用手电筒照照看，小铁罐里是不是有了淡淡的云雾？

6 重复上述实验两次。

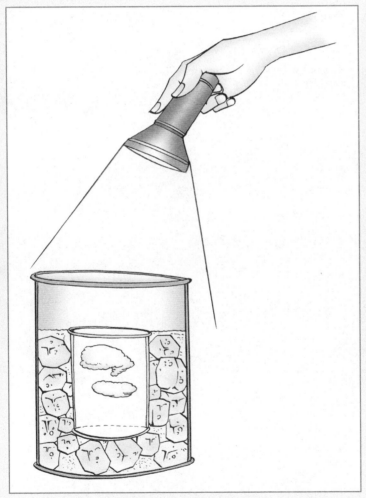

·实验数据·    造成云雾的情况

实验现象	第一次	第二次	第三次
有没有云雾			
云雾持续的时间			

分析讨论

❶ 为什么要选用铁罐呢？

❷ 为什么要把碎冰块和食盐混在一起？

❸ 必须要用手电筒照着才能看到云雾吗？为什么？

发散思考

❶ 云雾会一直存在吗？如果不会，为什么它不能持续很长时间？想想机场的工作人员是怎样清除浓雾的。

❷ 把一个大杯子放在冰箱里冷冻一段时间，拿出来后赶快往里面吹气，看看是否也有云雾出现？

泥石流

在山区的峡谷中，当暴雨和冰雪融水等造成的过剩雨水使坚硬的泥土层顶层的土壤水分饱和时，就会形成混有大量泥沙、石块的特殊洪流，这就是泥石流。它往往是突然暴发的，混浊的流体沿着陡峭的山沟奔腾咆哮而下，在短时间内将山体表层的大量泥沙、石块冲出沟外。它横冲直撞、漫流堆积，造成很大的危害。

下面我们来做个实验，看看泥石流是怎样产生的，可以怎样预防。

探索主题

泥 石 流

搜集资料

到图书馆或上网查找相关资料，了解泥石流的概念及其危害。

提出假说

当过剩雨水使坚硬的泥土层顶层的土壤水分饱和时，就会形成泥石流。增加植被有利于预防泥石流。

实验材料

1 三个大托盘　　5 一个水壶
2 土　　　　　　6 一块草皮
3 水　　　　　　7 两块石块
4 一把铲子

安全提示

注意不要浇水过猛打湿衣服，以免感冒。

· 实验设计 ·

制作一个山体模型，土壤由坚固层和松散层组成，从顶部浇水（模仿突如其来的水源），造成土壤及表面的一切物体向下滑动。增加植被后再浇水，则不会造成大量土壤下滑，由此验证假说。

· 实验程序 ·

① 在大托盘1中放入潮湿的土。

② 用铲子把土压实，形成土壤坚固层。

③ 用松散的土壤覆盖坚固层。

④ 在托盘下面垫一块石块，使大托盘倾斜约20°。

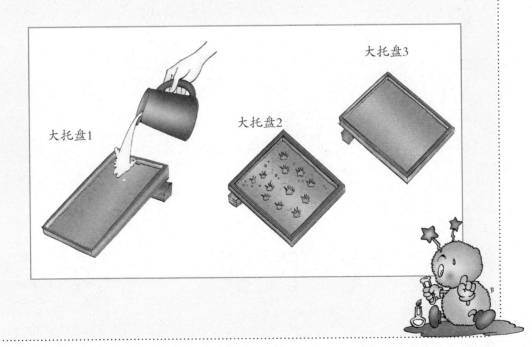

大托盘1

大托盘2

大托盘3

⑤ 在斜坡的上端洒水，观察松散的土壤及坚固层的变化。

⑥ 按步骤1—3填充大托盘2和大托盘3。

⑦ 在大托盘2上覆盖一层草皮。

⑧ 分别在大托盘2和大托盘3的下面垫入石块，使两个托盘的一端抬得一样高。

⑨ 分别在托盘的上端洒水，观察结果。

·实验数据· 三个大托盘的情况对比

实验用具	土壤情况	结果描述
大托盘1		
大托盘2		
大托盘3		

分析讨论

① 在大托盘1中洒水后，松散的土壤会怎样？坚固层呢？

② 在大托盘2中洒水后，结果怎样？

③ 在大托盘3中洒水后，结果怎样？

④ 关于怎样预防泥石流，这个实验告诉我们什么？

发散思考

① 草皮对松散层的土壤起了什么作用？

② 你能再举例说明保护植被的好处吗？

火山喷发

1980年，美国华盛顿州的圣海伦火山喷发，其能量之大相当于在日本广岛投下的原子弹的500倍。火山喷发在历史上时有发生。那么，火山喷发到底是怎么一回事呢？

原来，地球从内到外由地核、地幔、地壳三部分组成。地幔内的物质非常热，在巨大的压力作用下呈熔融体。当地壳板块漂移的时候，地壳薄的地方有可能裂开，处在高温高压下的熔融体就会喷射而出，在地球表面形成壮观的"火山喷发"。钢水般的熔融体从火山口流出，形成了"熔岩流"；还有一部分被喷向空中，形成了"火山灰"或"火山蛋"；最后经过堆积和冷却，在火山口处形成特有的锥形山体。

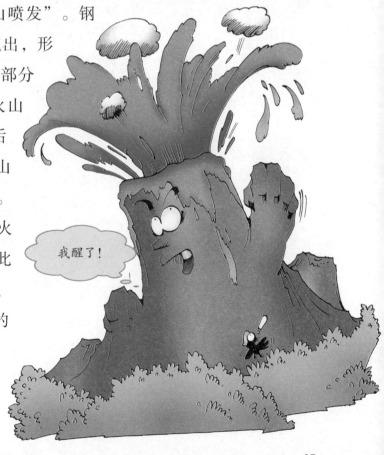

我醒了！

火山有死火山、活火山、休眠火山等类型；此外，还有喷发有毒气体、泥浆、灰尘甚至冰块的"火山"。

下面我们就来做一次"火山喷发"的实验。

·探索主题·

火山喷发

搜集资料

到图书馆或上网查找相关资料：地球结构、岩浆、板块漂移。

提出假说

熔融的岩浆通过地壳裂缝或穿过地壳的薄弱地点喷向地球表面，岩浆和其他极热的气体被释放出来，就形成了火山喷发。

实验材料

1 一个 500 毫升的瓶子　　**8** 一个漏斗

2 一个大托盘　　　　　　　**9** 红色墨水

3 一个小盆　　　　　　　 **10** 胶带

4 一匙面粉　　　　　　　 **11** 一些沙子

5 一匙食用苏打

6 550 毫升醋（比瓶子容积稍多些）

7 一把汤勺

安全提示

使用沙子时小心，不要弄到眼睛里；使用面粉、食用苏打和醋时注意分清，而且不要误食。

· 实验设计 ·

用沙子制作火山模型，用一定比例的面粉、食用苏打和醋模拟岩浆，观察岩浆（自制混合物）从火山模型口喷发出来时的情形。

·实验程序·

1. 把瓶子放在大托盘上，在瓶子周围堆上沙子，做成火山的样子。
2. 将面粉和食用苏打在小盆中混合，并用汤勺搅拌。
3. 将面粉和食用苏打的混合物通过漏斗倒入瓶中。
4. 向瓶中加入一些红色墨水。
5. 将大约一半的醋倒入瓶中。
6. 停止起泡沫后，将剩余的醋全部倒入瓶中，并迅速离开。
7. 观察"火山喷发"。

·实验数据· 火山模型与真实火山的对比

真实火山	地面	地幔	山体	地壳薄弱地点	岩浆
火山模型					

分析讨论

1. 岩浆在地球的哪部分结构中流动？
2. 岩石为什么会变成液体？
3. 如果把醋换成水，实验会不会成功？

发散思考

1. 你能找出模型中的哪部分对真实火山喷发的模拟不合适吗？
2. 尝试改进此模型。

雨是怎么形成的？

夏天，我们常常能遇到下雨的天气。那么，雨到底是怎么形成的呢？

地球表面的江河湖海里的水，在太阳光的照射下会升温变热，其中有一部分水会从看得见的液态变成看不见的气态，即变成了水蒸气。这些水蒸气上升到高空时，因为周围的空气温度比较低，就会冷却，凝结成细小的水滴。许多细小的水滴聚集在一起便形成了云。由于空气温度是随高度的升高而降低的，所以，当水蒸气被气流携带到比较高的位置时，会变成冰晶。云中的水滴或冰晶通过凝结、碰撞、合并，体积会越来越大，到了无法被空气的浮力托住时，就会下降。在下降过程中，冰晶会随着气温的升高而融化为水滴，降到近地面时便成为雨滴了。

下面我们做一个小实验，来看看雨的形成过程。

· 探索主题 ·

雨的形成

搜集资料

到图书馆或上网查找相关资料：水蒸气、蒸发、凝结、冰晶。

提出假说

液态水由于受热变成水蒸气，水蒸气在空中凝结为小水滴，许多小水滴聚集在一起形成云。当云中的水滴逐渐变大，降到近地面时就形成了雨。

实验材料

1 热源（电炉或煤气灶等）

2 水

3 烧水壶

4 一个玻璃杯

5 冰箱

安全提示

使用热源时要注意安全：使用电炉时，注意别烫伤手；使用煤气灶时，注意别漏气。须有成年人在现场指导操作。

· 实验设计 ·

　　液态水受热变成水蒸气的过程可以用烧开水的过程模拟。水蒸气在空气中遇冷凝结成小水滴的过程可以在冰箱中明显地观察到。

·实验程序·

① 将烧水壶盛满水，置于热源上。

② 打开热源开关，将水烧开。

③ 观察壶嘴处冒出的"白气"。

④ 将玻璃杯盛满凉水，观察玻璃杯外壁有什么现象发生。

⑤ 将盛满水的玻璃杯放入冰箱冷藏。

⑥ 1小时后，取出玻璃杯，观察杯子外壁有什么现象发生。

·实验数据·

 液态水在不同环境下的形态分析

实验过程	现象	对应的物理条件
壶中的水烧开之前		
壶中的水烧开之后		
杯子放入冰箱之前		
放入冰箱冷藏1小时之后		

分析讨论

① 壶中的水烧开后，观察到的"白气"是什么？

② 从冰箱中取出杯子后，杯子外壁有什么现象？

③ 天空中的云朵相当于实验中观察到的什么？

发散思考

① "白气"是与壶嘴口紧密相连，还是中间有些距离？为什么？

② 冬天，戴眼镜的人从户外进入室内后，镜片往往会起雾，试着解释原因。

风是怎么形成的？

　　我们平时可以感觉到各种各样的风，有拂面不寒的"杨柳风"，也有令人生畏的狂风，甚至龙卷风……那么，风是怎么形成的呢？

　　风是由空气流动形成的。最常见的空气流动就是热空气上升，冷空气下沉。热空气比冷空气轻，冷空气比热空气气压大，气压大的空气向气压小的空气的方向流动，就形成了风。下面我们就做一个小实验来验证这个原理。

诗人

我不知道风啊向哪里吹，可我的身呀只能随风飞。

·探索主题·

风的形成

搜集资料

到图书馆或上网查找相关资料：气压、空气流动。

提出假说

风是由空气流动形成的。热空气比冷空气轻，冷空气比热空气气压大，气压大的空气会向气压小的空气的方向流动，就形成了风。

实验材料

❶ 一个透明的大塑料瓶　　❻ 纸风车

❷ 一个透明的小塑料瓶　　❼ 蜡烛

❸ 一把剪刀　　　　　　　❽ 一炷香

❹ 橡皮泥　　　　　　　　❾ 火柴

❺ 铁丝

安全提示

使用剪刀时，注意别伤到手指；点燃蜡烛时，注意别让蜡油烫伤手。

实验设计

　　在无风的情况下风车不会转，香燃烧产生的烟往上升。在蜡烛点燃后，空气的冷热程度有了差异，风车开始旋转，香燃烧产生的烟往瓶内流，说明形成了风。由此证明假说。

实验程序

1 用剪刀将两个塑料瓶的瓶底剪掉，在大塑料瓶侧面挖一个比小塑料瓶瓶口稍大的孔，如上图所示，将大塑料瓶和小塑料瓶连接在一起。
2 在两个塑料瓶的接口处用橡皮泥封好空隙。
3 用铁丝在大塑料瓶的瓶口装上纸风车，以便更清楚地观察空气的流动。
4 将整个装置放在无风的室内。

⑤ 将未点燃的蜡烛放在大塑料瓶中，蜡烛不要高过小塑料瓶与大塑料瓶的接口。点燃一炷香，放在小塑料瓶底部外侧，观察香燃烧产生的烟的方向和风车的转动情况。

⑥ 用火柴将大塑料瓶内的蜡烛点燃，再将点燃的香置于小塑料瓶底部外侧，注意要让香点燃的顶部与小塑料瓶的瓶口持平，观察香燃烧产生的烟的方向和风车的转动情况。

 · 实验数据 · 风是由空气流动形成的实验情况

实验过程	烟的方向	风车的转动情况
蜡烛点燃前		
蜡烛点燃后		

分析讨论

① 蜡烛点燃前，有没有风？

② 蜡烛点燃后，烟飘向什么方向？

③ 实验中，蜡烛点燃前和蜡烛点燃后大塑料瓶内的温度有什么变化？

④ 本实验说明什么条件下可以形成风？

发散思考

① 实验中，大塑料瓶内的蜡烛不能太长，不能高过小塑料瓶与大塑料瓶的接口，为什么？

② 实验中，香也不能太长，为什么？

空气占据了空间

　　虽然空气是一种无色透明、没有气味的气体，我们用肉眼看不见它，用双手摸不着它，但是它却无时无刻不伴随在我们的左右，并占据着空间。下面我们就通过一个很有趣的实验来感受一下空气如何占据了空间。

探索主题

空气是否占据空间

提出假说

空气占据了空间。

搜集资料

到图书馆或上网查找相关资料：空气、大气压。

实验材料

1 一个带塞子的广口瓶
2 一支吸管
3 若干橡皮泥
4 一个小气球
5 一段细线

安全提示

吹气球时不要把气球吹炸，以免伤到眼睛；给塞子钻孔时要小心，不要弄伤手。

实验设计

空气具有体积和压力，并占据了一定的空间。现在，我们把气球放入空瓶子里来做实验，把瓶子里的空气吸出一部分时，瓶子里的空气变少了，同时压力也减小了，那么，气球里的气体就会膨胀，我们就可以看到气球变大了，由此证明，无论是瓶子里的空气，还是气球里的气体都占据了空间。

实验程序

1. 吹鼓气球（注意气球不要吹得太大），并用细线把气球口扎紧，防止气体跑掉。
2. 把吹好的气球放入广口瓶中，要使气球和瓶壁之间有足够的空隙。
3. 在瓶塞上钻一个洞，插入吸管，用橡皮泥密封瓶塞与吸管间的缝隙。
4. 用瓶塞塞住瓶口。
5. 利用吸管从瓶子中吸出部分空气。
6. 用手指迅速压紧吸管的外部顶端，防止空气返回瓶中。
7. 观察气球的大小有什么变化。
8. 松开堵住吸管的手指，再观察气球的变化。
9. 重复实验步骤5—7。

·实验数据· 空气占据空间的情况

实验过程	实验现象	结　论
吸出空气以后		
松开手指以后		

分析讨论

❶ 装入气球以前，广口瓶里有东西存在吗？

❷ 气球的大小为什么会发生变化？

发散思考

❶ 保证实验成功的关键是什么？

❷ 如果气球很小而瓶子很大，当吸出大量的空气以后，气球可能会发生什么样的变化？

你知道吗？

你听说过空气可以盖房子吗？也许你不相信，但这是可能的。如果我们往橡皮管里充入空气，橡皮管就会像气球一样膨胀起来，这时的橡皮管具有很大的支撑力，我们利用它可以"盖"成空气房子。

空气房子的建造方法非常简单：首先，把橡皮管"骨架"固定在地面上，然后往橡皮管里充入空气。气打足之后，"骨架"就立起来了，薄膜做的顶盖和墙也被撑开，房子就造好了。

空气房子很结实，科学家做过实验，在橡皮管里压入0.5兆帕的空气，它就比实心的塑料管还要结实；空气房子非常安全，它不会塌下来，12级的台风也吹不垮它，而且就是塌下来也没有危险。如果时间长了，漏掉一些空气，气压计还会通知人们及时充入空气。

也许在不久的将来，我们会看到许多用空气建造的体育馆、歌剧院、植物园……

飞机是怎样飞起来的？

你坐过飞机吗？像飞机这样的庞然大物怎么能在天空中自由地飞翔呢？原来，这是因为像空气、水这样可以流动的物体有一种特殊的性质：流速大的地方，压强就小。下面我们来做两个小实验，做完实验，自己想一想：飞机为什么能在天空中飞呢？

飞机为什么能在天空中飞?

提出假说

流动的物体在流速大的地方压强小。

搜集资料

到图书馆或上网查找相关资料:飞机、压强。

实验材料

【实验一】

1. 两个纸杯
2. 两根细线
3. 胶条

【实验二】

1. 大漏斗
2. 乒乓球

安全提示

不要打破漏斗,避免弄伤自己。

· 实验设计 ·

向两个离得很近的纸杯吹气,它们不是相互远离,而是相互靠近了,由此验证假说;隔着漏斗向乒乓球吹气,乒乓球并不会落到地面上,由此也验证了假说。

实验程序

【实验一】

1. 用胶条将细线的一端粘在纸杯的底部，另一端粘在桌子上，使杯子悬在桌檐下面。
2. 另取一个纸杯，重复步骤1，注意要使两个纸杯相距不远，且处于同一高度。
3. 向两个杯子中间吹气，观察发生了什么，两个杯子是相互靠近了还是相互远离了？

【实验二】

1. 漏斗大口朝天，将乒乓球放在漏斗大口，有什么现象发生？
2. 漏斗大口朝地，将乒乓球放在漏斗大口，松开手，有什么现象发生？
3. 漏斗大口朝地，将乒乓球放在漏斗大口处，在向漏斗小口吹气的同时，把手松开，观察有什么现象发生。

·实验数据·

空气流速实验情况分析

实验过程	现象	结论
向两个纸杯之间吹气		
漏斗大口朝天，将乒乓球放在漏斗大口		
漏斗大口朝地，将乒乓球放在漏斗大口，松开手		
漏斗大口朝地，将乒乓球放在漏斗大口，在向漏斗小口吹气的同时，把手松开		

分析讨论

　　空气流速大的地方，压强就小。在实验二的步骤3中，乒乓球的四周都受到了大气压强的作用。吹气时，乒乓球与漏斗壁之间的一段空气压强就比其他地方的空气压强小。吹得越快，压强越小；而乒乓球的其他地方仍受一个大气压的作用。当手离开乒乓球时，受力大的地方就向受力小的地方移动，所以，乒乓球就会被"托"住，不会落下来了。

　　同理，试解释一下实验一的现象。

发散思考

1　水和空气一样，也是流动的物体，那么，请你想一想：水流过管子较宽的部分时流速快，还是流过较窄的部分时流速快？

2　想一想：我们身边还有哪些现象说明了空气的这一性质。

你知道吗？

　　你知道飞机为什么能飞起来吗？飞机飞行主要靠发动机和机翼。

　　飞机的机翼形状和鸟的翅膀很像，上面是凸起的，而下面却是平直或略微缩进的。飞机起飞前，先得在跑道上"助跑"。飞机向前跑，空气就相对向后移动。由于机翼上凸下平，所以在相同的时间内，机翼上面的气流经过的路程要长一些，也就是说，跑得比下面的气流快。按照我们在实验中发现的原理，气流快的地方压强小。压强小，压力就小，因此，机翼上面的空气压力比机翼下面的要小，上下的压力差就产生了一股把飞机向上托起的升力。当飞机加大马力，在跑道上加速前进时，这股升力就迅速增大，最后把飞机托上天空。

声波是怎样产生的？

　　我们都知道声音是靠振动产生并通过空气等介质向四周传播的。声音从声源向四面传播，就像把一块石头扔到水里所看见的波纹一样。水波从石头入水的地方向周围散开，声波也以类似的方式向周围散播，只是我们看不到空气等物质的波动。

　　声波的概念用语言来描述还不够形象具体，为了帮助我们想象出声音是怎样从声源传到耳朵里的，我们来做下面这个实验。

·探索主题·

声波的传播

搜集资料

观察水波的形成。

到图书馆或上网查找

相关概念：声波。

提出假说

声音是声源振动向四周传播的结果。当一个声源振动时，就会引起周围的空气（或其他液体、固体）微粒也随之振动，这种振动的传播就形成了声波，它可以把声音送进我们的耳朵，也可以传播到很远的地方。

实验材料

① 一个衣架

② 细线

③ 干燥的泡沫塑料颗粒

④ 一根橡皮筋

⑤ 一段"Y"形的树杈（要结实）

·实验设计·

把一颗很轻的泡沫塑料颗粒固定在一根细线上，将数根这样的细线系在一个衣架上，让它们体现空气分子的活动。在衣架附近振动绷在树杈上的橡皮筋，可以观察到周围空气的振动带动泡沫塑料颗粒发生运动。仔细观察颗粒的运动情况。

声波在空气中传播时，空气里的颗粒的振动形式沿着波的传播方向压缩或变稀疏。

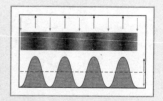

安全提示

　　泡沫塑料颗粒一定要干净、干燥；细线之间的距离要近且间距相同；振动橡皮筋的时候要靠近泡沫塑料颗粒，但是不能有其他因素带动颗粒运动。

· 实验程序 ·

1 将泡沫塑料颗粒系在细线下端。

2 把这样的细线均匀、紧凑地系在衣架上。

3 将橡皮筋紧绷在"Y"形树杈上。

4 在衣架下面拨动橡皮筋，使橡皮筋发生振动。

5 观察泡沫塑料颗粒的运动，直到它们自己停下来。重复几次。

·实验数据· 泡沫塑料颗粒的运动情况分析

橡皮筋的位置	描述泡沫塑料颗粒的运动过程
与衣架平行	
与衣架垂直	

分析讨论

❶ 为什么橡皮筋相对于衣架的位置不同，泡沫塑料颗粒的运动也会不一样？

❷ 泡沫塑料颗粒最后为什么会停下来？

❸ 为什么要选用泡沫塑料颗粒作为实验材料？可以用其他材料吗？

❹ 为什么拨动橡皮筋的力气大小会对泡沫塑料颗粒的运动产生不同的影响？

发散思考

❶ 你还能用其他方法显现声波吗？

❷ 有一种儿童玩具：色彩鲜艳的螺旋塑料圈。如右图所示，将塑料圈的一端固定，用手拉另一端，拉开1米左右。固定塑料圈的一端不动，另一端沿塑料圈的水平方向猛地一推或一拉。你可看到一个纵波向前传播，这类似于声音的传播。

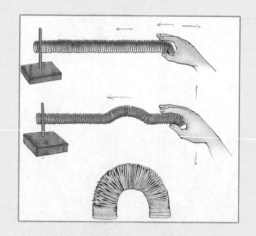

自己动手做"耳朵"

每个人都有两只耳朵，它们让我们听到大自然美妙的声音；让我们听到自己喜欢的音乐；让我们听到妈妈的呼唤。没有耳朵，是多么痛苦的事啊！可是，为什么耳朵能听到声音呢？了解耳朵的秘密，有助于我们学会如何保护耳朵，让耳朵愉快地工作，让我们听到各种各样神奇的声音。

探索主题

耳朵的构造

搜集资料

从生物实验室找出一个耳朵的构造模型，依据说明书，了解耳朵各部位的功能。

提出假说

耳朵是个复杂的器官，它的内部结构复杂而精细。用一些常用的材料，我们可以做一个简化的人造耳朵，以了解耳朵是怎样辛苦地为我们工作的。外耳道将声音送入耳朵里面。来自外界的声音使小小的鼓膜发生振动。听小骨传递这种振动。耳蜗是听觉的接收器。做一个耳朵模型，你就会明白整个过程是如何完成的。

实验材料

1. 一根橡皮筋
2. 一个两端开口的纸筒
3. 一张塑料薄膜
4. 一张 16 开的薄塑料卡片
5. 一块橡皮泥
6. 一支手电筒
7. 一卷胶带
8. 一张纸

实验设计

做一个自己的耳朵模型。首先，锥形的纸筒可以当作传递声音的外耳道。在一个两端开口的纸筒的一端罩一张塑料薄膜，来代替鼓膜传递振动。做一个接收板，在板上反映出振动的情形。

·实验程序·

1. 把纸卷成一个锥形的圆筒，并用胶带固定住。
2. 把塑料薄膜套在纸筒的一端，用橡皮筋固定，必须使塑料薄膜保持光滑平整。把锥形筒插在纸筒中，相接的地方用胶带固定住。
3. 将套接了塑料薄膜和锥形筒的纸筒平放在桌面上并固定好。
4. 用橡皮泥把薄塑料卡片垂直固定在桌面上，用手电筒照射薄膜，使卡片上出现由塑料薄膜反射的手电筒的光。
5. 对着锥形筒大声说话，观察卡片上光的晃动。

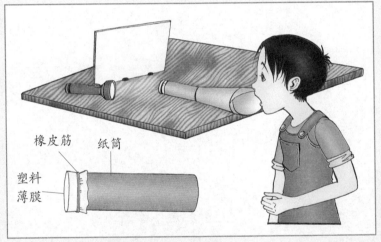

橡皮筋　纸筒
塑料薄膜

 ·实验数据· 模拟耳朵构造的实验分析

声音大小	由塑料薄膜反射到薄塑料卡片上的手电筒的光
小声	
正常音量	
大声	

分析讨论

1 说话声音的大小对振动的影响是什么？

2 如果将塑料薄膜换成厚一点儿的薄膜，效果会怎么样？

3 如果换成更薄一些的薄膜，效果又会怎么样？

发散思考

1 为什么塑料薄膜必须保持光滑平整，不能戳破？

2 手电筒的作用是什么？没有它可以吗？

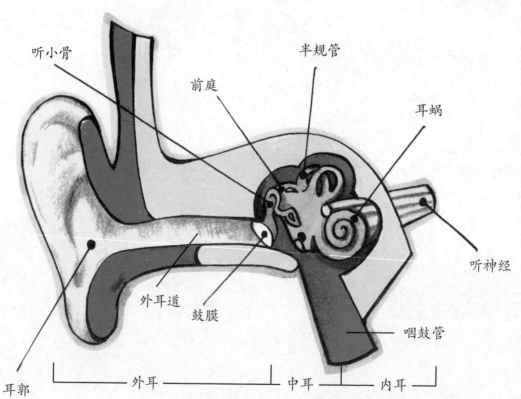

听小骨　　半规管　　前庭　　耳蜗

外耳道　　鼓膜　　听神经

耳郭　　咽鼓管

外耳　　中耳　　内耳

植物的水土保持作用

1998年，我国发生过一场特大洪水，给人民的生命和财产安全构成了极大的威胁。大家可能从网络、电视和广播等媒体中听说过，近年来环境的恶化是自然灾害频繁发生的重要原因。那么，频繁发生洪涝灾害最直接的原因是什么呢？

在人类活动还不像现在这样活跃的古代，地球上大量的土地被植物覆盖，它们发达的根系在水土保持方面发挥着重要的作用，因此，那时的河流比较清澈，也不容易发生洪水。后来，随着地球上人口的增多和人类活动的加剧，河流源头大量的森林植被被破坏，形成了大片裸露的土地。这不仅造成了沙尘暴越来越频繁地发生，而且大量的沙土被河流带走，使河流越来越混浊。随着泥沙在河床中的沉积，河床越来越高，这就引起了大河的决堤和洪水的泛滥。

我国的黄土高原地区，有风的天气黄沙漫天、流经的黄河水混浊不堪就是由过度破坏植被造成的。植物被砍伐后，暴露出地表，而黄土高原特有的地质构造使被暴露的地表极易产生沙土。黄河流经这些地方，沙土被冲走，进而使这里的生态环境恶化。由此可见，绿色植物不仅通过光合作用改善了生态环境，还起到了防风固沙、保持水土的重要作用。因此，我们提倡保护环境，其中很重要的一点就是保护绿色植物。

·探索主题·

植物在保护环境，尤其是在水土
保持方面的重要作用

搜集资料

　　到图书馆或上网查找植物在防风固沙、水土保持方
面的重要意义，以及国家的"三北"防护林工程。

提出假说

　　植物发达的根系在水土保持方面具有重要的作用。

实验材料

❶ 少量河泥和沙土　　　❹ 一个脸盆

❷ 一块带根的草皮　　　❺ 一个小型水壶

❸ 一块长木板

·实验设计·

　　我们通过模拟实验
来证实植物的水土保持
作用。

·实验程序·

1. 将长木板斜靠在脸盆边，把河泥粘在木板的中间部位。
2. 尝试将草皮覆在河泥上，将水壶盛满水，从上方浇淋草皮，观察流到脸盆里的水的混浊度。
3. 在草皮上撒一些沙土，再用水壶淋水，观察水的混浊度。
4. 将草皮撒下，只在河泥上撒一些沙土，用水壶淋水并观察水的混浊度。

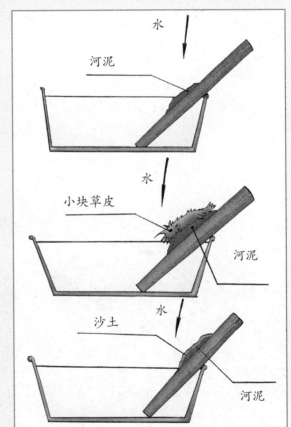

水
河泥

水
小块草皮
河泥

水
沙土
河泥

·实验数据· 仔细观察以上几种做法的结果，记录下来。

分析讨论

　　从上面的模拟实验我们可以知道，绿色植被可以显著地保持水土，从而使河流的泥沙含量降低，河水变得清澈。绿色植物为什么能保持水土呢？这是因为绿色植物的根系一般都比较发达，可以涵养水分，使土壤保持湿润，从而避免因降雨或刮风造成的水土流失。通过这个实验，我们明白了应该更积极地保护植物，积极地植树造林。

发散思考

　　植物对自然界的益处很大，除了水土保持，你还能列举出哪些？

大气污染对植物的危害

　　植物对整个生物界的作用是巨大的。从物质和能量的角度讲，植物通过光合作用产生有机物供给动物利用；从环境保护的角度讲，它可以释放氧气，起到空气净化器的作用。此外，绿色植物对自然界的防风固沙、水土保持、水分涵养等也起着十分重要的作用。

　　反过来，外界环境对植物也有着重要的影响。光照、水分、二氧化碳等因素影响着植物的生长和发育。植物的各种生理活动都深刻地受到外界环境的影响，并且在长期的进化中，植物也形成了对环境的良好适应性，这些都是积极的一面。随着工业社会的发展，环境发生了很大的变化，环境污染问题严重地影响到当今社会的方方面面，特别是对环境依赖性非常强的植物来说，这种影响非常大。

　　那么，大气污染对植物的危害是怎样表现出来的呢？

·探索主题·

大气污染对植物的危害

提出假说

有害气体二氧化硫对绿色植物有危害。

搜集资料

了解近年来环境污染的情况，知晓保护环境的重要意义。

实验材料

1 栽在一次性水杯里的苜蓿苗
2 亚硫酸钠
3 稀硫酸
4 氢氧化钠

5 三个大磨口瓶
6 三个软木塞（其中两个有双孔）
7 分液漏斗
8 两段皮导管

安全提示

注意不要将稀硫酸溅到皮肤或衣物上。

·实验设计·

我们可以利用一种化学反应来生成二氧化硫，再通过敏感植物检测它对植物的危害。

·实验程序·

1. 将实验仪器在成人的帮助下按下图所示连接好，其中左侧磨口瓶中装的是亚硫酸钠，右侧磨口瓶中装的是氢氧化钠溶液，分液漏斗中装的是稀硫酸。

2. 在中间的磨口瓶里放进苜蓿苗。

3. 打开阀门使亚硫酸钠和稀硫酸反应，这个过程要持续几天。

4. 观察苜蓿苗叶片的变化。

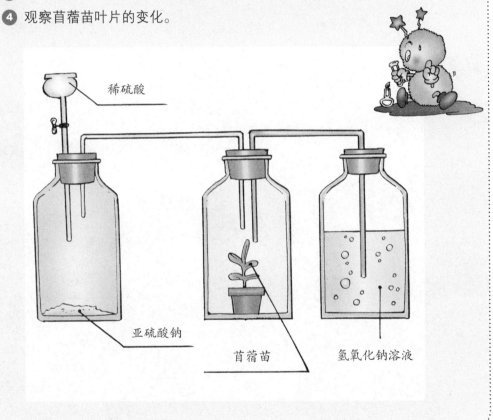

稀硫酸

亚硫酸钠

苜蓿苗

氢氧化钠溶液

·实验数据·

几天后，发现苜蓿苗叶片的叶脉间出现棕黄色的点状斑或块状斑。

分析讨论

亚硫酸钠和硫酸反应会生成二氧化硫，由于苜蓿叶对二氧化硫的毒性十分敏感，所以，仅仅过了几天就产生了上述伤害。二氧化硫也是大气中的主要污染物，排放量大，对植物的危害也比较严重。因此，如何治理已经造成的大气污染和怎样限制污染物的排放是摆在全人类面前的重大课题。

发散思考

植物对大气污染高度敏感，对我们人类有什么警示作用？是不是可以利用它们来指示空气污染的情况呢？

电池废液对种子萌发的影响

环境污染对植物的危害是多方面的，上一节我们通过一个小实验证实了大气污染对植物的危害。事实上，环境污染远不止大气污染这一种。现代工业产生的废水、废气和废渣（俗称"三废"）造成的环境恶化严重影响了植物的正常生理活动。我们知道，植物的生长发育需要水分和矿物质（无机盐），而废水和废渣中含有的各种有害元素（如氰、酚、汞、铬、砷等）不仅不能被植物利用，还会反过来毒害植物，有的虽然对植物的正常生长发育有好处，但当植物生存的土壤中含此种成分过多时，就会发生单盐毒害作用。

环境污染不仅对植物成体和生长发育造成危害，对植物的繁衍也有重要影响。环境污染产生的有害元素可以导致植物开花异常，不能正常形成种子和果实，或是种子不能萌发等。

从以上讨论可以看出，环境污染对植物的危害是多方面的。因此，现代社会对环境污染问题一定要足够重视，保护环境就是保护人类自己。下面我们通过一个实验来说明工业废液对植物种子萌发的危害，以此警示人们认识到保护环境的紧迫性。

·探索主题·

工业废液对种子萌芽的影响

提出假说

工业废液会显著降低植物种子的萌发率。

搜集资料

到图书馆或上网查找相关资料：环境保护、《京都议定书》，以及我国的可持续发展战略。

实验材料

❶ 少量的大豆种子
❷ 两个盛有细沙的花盆
❸ 几节废旧电池
❹ 剪刀

安全提示

废电池有毒，实验过程中注意戴好口罩和手套。

·实验设计·

用电池废液模拟工业废液对种子萌发率的影响。

· 实验程序 ·

① 在两个花盆中分别播种一定数量的大豆种子，并记下播种的数量。

② 把废旧电池剪破，将里面的电池废液加水稀释，浇在其中一个花盆中。

③ 给另外一个花盆正常浇水，作为对照组。

④ 把两个花盆放到25~30℃的环境中。

⑤ 过10天左右，分别计算两个花盆中大豆种子的萌发率。

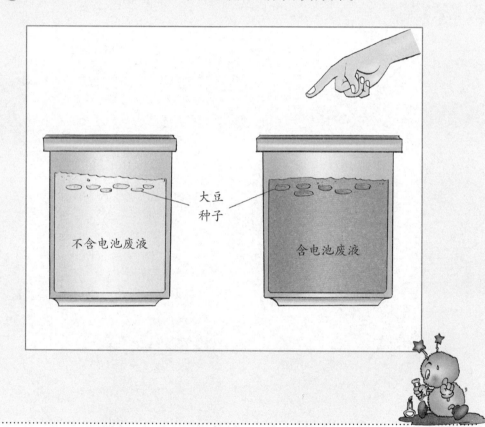

大豆种子

不含电池废液

含电池废液

· 实验数据 ·　　　记下你的实验结果。

课本里学不到的**疯狂科学实验**

分析讨论

通过比较实验结果，我们发现，电池废液显著降低了大豆种子的萌发率，受其影响萌发出的大豆幼苗纤细、发黄，显然处于不健康的状态。

发散思考

有兴趣的同学可以继续培养这两盆大豆幼苗，记下对照组和实验组幼苗每天的生长情况，看看电池废液对植物幼苗生长的影响。

生命的源泉——水

　　我们在大量出汗后经常会觉得口渴，这时需要及时补充水分。如果失去的水得不到补充，我们就会觉得口干舌燥，浑身都不舒服。为什么水对人体如此重要呢？首先，水是人体的基本组成成分，约占人体体重的70%。人体内大部分有机营养素和无机营养素均需溶于水中，才能进行体内的各种新陈代谢活动。水还参与了各种营养素的吸收、运送。水具有高比热，它的蒸发可以防止体温升高，对于维持体内温度的恒定具有重要意义，并能保证各种生命代谢活动有序进行。

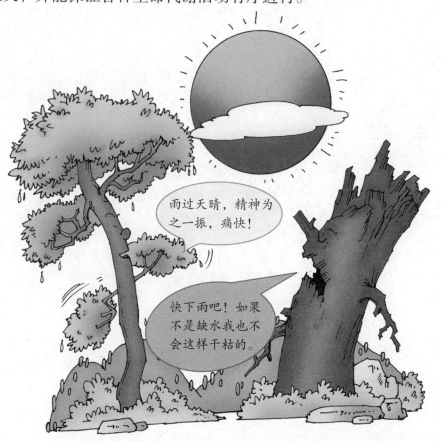

· 探索主题 ·

水对人体及其他生物的重要作用

提出假说

生命离不开水。

搜集资料

收集小动物饲养方面的知识，以及水在人体中的组成和作用等相关材料。注意：要爱护动物，本实验中的小白鼠是为了用于实验而饲养的。

实验材料

1. 三只小白鼠
2. 鼠粮
3. 清水
4. 饲养笼

安全提示

在饲养小白鼠的过程中一定要注意安全，不要被小白鼠咬到。如果被咬伤，应及时注射疫苗；在补充水和鼠粮的过程中，一定要看好处理标签。

实验设计

以一种小型哺乳动物（如小白鼠）为实验对象。对其中一只进行断水处理，另一只进行断食处理，第三只为对照组，正常供食供水。观察三只小白鼠各自的存活时间。

实验程序

① 挑选三只体重相同、性别一致的小白鼠。

② 将三只小白鼠分别放入饲养笼，并做好断水、断食和供水供食（对照组）的标签。

③ 对三只小白鼠分别进行断水、断食和供水供食的处理（参见上图）。

④ 每天观察三只小白鼠的活动，记录三只小白鼠的存活时间。

实验数据   小白鼠实验记录

实验时间	断水处理鼠	断食处理鼠	对照组鼠
第1天			
第2天			
第3天			
第4天			
第5天			
第6天			
第7天			
第8天			
第9天			
第10天			
第11天			
第12天			
第13天			

续表

实验时间	断水处理鼠	断食处理鼠	对照组鼠
第14天			
第15天			
第16天			
第17天			
第18天			
第19天			
第20天			

在实验的过程中，注意观察小白鼠的活动能力是否下降，是否出现烦躁情绪及对外界反应的灵敏度是否降低等现象。

分析讨论

❶ 根据实验现象，讨论缺水对小白鼠造成的最大影响是什么。

❷ 你觉得以小白鼠为实验对象，是否可以有效地反映水对人体的重要性呢？

❸ 根据以上的实验现象，推测缺水对人体会产生什么样的影响。

发散思考

❶ 你能说出人体补充水的几种途径吗？

❷ 举例说明人体排出水分的几种方式。

❸ 在纯净水和矿泉水中，你会选择饮用哪一种？说出你的理由。

头发为什么会变得蓬松？

　　我们发现头发在清洗后，快晾干时，会变得比较蓬松。同样，在潮湿的空气中，头发也会比较蓬松。你知道这是什么原因吗？首先，我们先了解一下头发的基本结构。我们的头发是皮肤的附属器官，它具有保温和减少摩擦的作用。头发主要由露于皮肤表面的发干、埋于皮肤内部的发根和发肌三部分构成。发根又可以分为毛囊、毛乳头、毛球及皮脂腺四部分。其中，毛乳头负责吸收毛发需要的养分；皮脂腺可以分泌油脂润滑皮肤和毛发，并防止体内水分过分蒸发。

·探索主题·

头发变蓬松的原因

提出假说

头发细微结构的变化能导致头发变得蓬松。

搜集资料

到图书馆或上网查找与头发结构有关的资料。

实验材料

① 滴管　③ 清水
② 包装纸　④ 桌子

安全提示

① 在缠绕包装纸时，要尽量不留空隙。
② 包装纸在滴管一端残留的部分要尽量少。
③ 将缠绕好的包装纸放在桌子上时要防止包装纸散开。
④ 在滴水时要注意，水量不要过多。

·实验设计·

借助滴管和包装纸，模拟头发结构，让包装纸吸水，观察包装纸的变化，从而研究头发是如何变蓬松的。

实验程序

① 将滴管直立于桌面上。

② 用包装纸围绕滴管缠绕。

③ 将缠绕好的包装纸卷推向滴管的一端。

④ 将包装纸卷放在桌子上。

⑤ 用滴管吸少量清水，滴一滴水在包装纸上。

⑥ 观察实验现象。

⑦ 再向包装纸的另外一处滴一滴清水。

⑧ 观察实验现象。

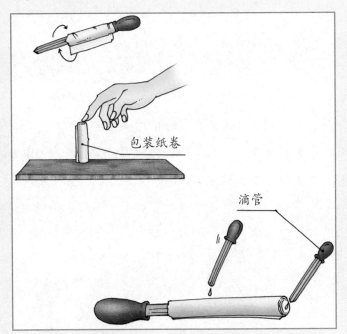

包装纸卷

滴管

实验数据

　　我们可以看到，滴水后包装纸会吸水膨胀，原来缠绕笔直的包装纸会变得弯曲，因而显得蓬松。

分析讨论

1 根据我们观察到的实验现象，你如何解释清洗后的头发会变得比较蓬松？

2 根据头发的结构，你知道头发是怎样吸水的吗？

发散思考

1 你知道老年人的头发为什么会变白吗？

2 你知道为什么人们的头发颜色会有不同吗？

你知道吗？

我们的头部大概有10万根头发，每天我们会掉50~100根，而同时，又会不断长出新的头发。头发的颜色是由一些色素细胞决定的，以我们的黑头发为例，色素细胞可以分泌黑色素，黑色素的含量决定了头发的颜色。随着人的年龄不断增长，这些色素细胞就会逐渐失去生命。此时，新长出的头发就是白色的。我们的头发主要是由角蛋白组成的，我们所看见的毛发是干死的部分，就如同我们的指甲一样，所以在剪断头发的时候，我们不会觉得疼。

水滴石穿

　　水能磨损岩石。当水流经岩石时，会不断冲击岩石表面，带走许多沙石碎粒。流水的速度越快，带走的沙石越大。这些沙石会互相碰撞磨损，进而被磨得更细。

探索主题

流动的水能使石头的形状变规则

提出假说

将固定容器内的水不断地剧烈摇动，它能使里面的沙石变得更细。

搜集资料

到图书馆或上网查找相关资料：水、岩石。

实验材料

1. 一小堆小而有棱角的石头（在马路边经常可以见到）
2. 水
3. 3个结实、有盖的瓶子
4. 2个体积较大的玻璃瓶
5. 3个纸盒

安全提示

摇动瓶子时不要用力过大，以免瓶子破裂伤到自己或他人。

实验程序

1. 将准备好的小石头随机分成3堆。怎么做到随机分成3堆呢？闭着眼睛从小石头堆中拿1块小石头，放在第一小堆，拿1块小石头放在第二小堆，再拿1块小石头放在第三小堆。依此类推，随机分好3小堆。这样会使实验结果更合理些。

2 将3个结实、有盖的瓶子分别标记上A、B、C，然后把刚才的3小堆石头放进3个瓶子里。

3 往瓶A和瓶B里注入半瓶水，瓶C不加水。将3个瓶子的盖子盖好。

4 用厚实的纸袋或塑料袋把瓶A包住（以防瓶子破裂）。

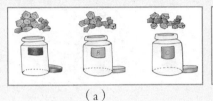

（a）

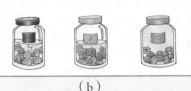

（b）

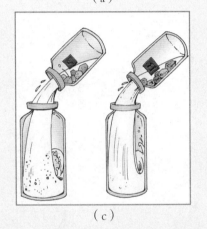

（c）

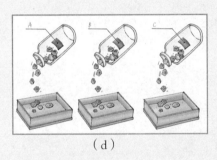

（d）

5 用力摇动瓶A（注意：不要使瓶子破裂）100次。

6 请班里另外9位同学各摇动100次，共计1000次。

7 将瓶A和瓶B里的水分别倒入2个较大的玻璃瓶里，观察2个大玻璃瓶中水的混浊程度。

瓶子编号	A	B
摇动的次数	1000次	0次
水的混浊程度		

8 将3个瓶子里的石头按顺序分别倒在3个纸盒里。比较它们的形状。

⑨ 将纸盒里的石头按原来的顺序放回原来的3个瓶子里，将原来瓶A和瓶B里的水分别倒回，往瓶C里加入同样量的水。

⑩ 按照摇动瓶A的方法再摇动瓶A 3000次，累计4 000次；摇动瓶B 2000次，摇动瓶C 0次。

⑪ 将3个瓶子里的水倒出来，观察水的混浊程度。

⑫ 将3个瓶子里的石头按顺序分别倒在纸盒里，观察石头的形状。

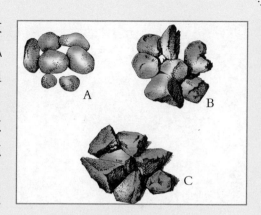

 ·实验数据· 流动的水能使石头的形状变规则

瓶子编号	A	B	C
摇动次数	4000次	2000次	0次
水的混浊程度			
石头形状			

分析讨论

① 为什么在将小石头分堆时，最好是闭着眼睛随机分成3堆？

② 将瓶A摇动4000次，瓶B摇动2000次后所得的水与瓶C中的做比较，有什么不同？为什么？

发散思考

① 自然界的流水冲击沙石是不是只有几千次？

② 你相信水滴石穿吗？说说理由。

水污染是怎样发生的？

　　许多地方的居民用水是开采的地下水。地下含水层中容纳了很多水，就像海绵有许多小孔一样，地下含水层也有许多洞穴可以存水。人们通过钻井，将井打到含水层中去，碰到有水的地方时，自然就有水浸出来。

地表的水也能渗透到地下含水层中，在渗透过程中，土壤和岩石起到了过滤作用，但它们的过滤作用毕竟是有限的。当一些有害的液体（如汽油、溶解了农药的水）渗透到地下含水层时，地下水的水质便受到了污染的威胁。

· 探索主题 ·

水的污染

搜集资料

到图书馆或上网查找相关资料：地下水。

提出假说

有毒的废水能够通过土壤和岩石渗透到地下含水层中。

安全提示

注意不要将红墨水洒到衣服上，不容易清洗。

实验材料

1. 一个杯子及一些沙土
2. 15 厘米长的尼龙网
3. 一根绳子
4. 一支滴管
5. 一瓶红墨水
6. 一支铅笔

这个实验可以帮助我们理解有毒的废水是怎样通过土壤渗透到地下含水层中的。制作井的微小模型，更好地观察地下水的污染情况。

实验程序

① 将尼龙网套在铅笔上，并在尾端用绳子系牢。

② 把套了尼龙网的铅笔插在杯子内的沙土中间。

③ 小心地围着铅笔往杯子中加沙土。

④ 解开绳子，将铅笔抽出来，使尼龙网留在沙土里，并形成一个洞，类似一口井。

⑤ 沿杯子的内壁注水。

⑥ 几秒钟后，水就会出现在"井"里。用滴管将水吸出来，看看滴管中的水有没有颜色。

⑦ 将水倒回"井"里，再往周围的沙土里滴几滴红墨水代表污染。

⑧ 几分钟后，用滴管将"井水"吸出来，看看水的颜色是否有变化。

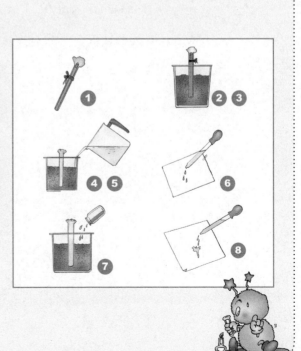

分析讨论

为什么后来水的颜色变了？

发散思考

如果地下含水层受到了严重污染，那么与之相通的湖泊河流的水会怎么样？

你知道吗？

通过污水直接利用，或污水经过处理后再利用，可以使污水成为具有使用价值的资源。污水是净水经过使用排放出来的，使污水重复使用甚至多次重复使用，就可以减少总的取水量，并减少污水对水体的污染。对于水资源紧缺的地区，污水资源化具有重要意义。污水利用的主要途径有：污水灌溉、污水养鱼、回灌地下水、从污水中回收有用物质等。

"脏"水的净化之一：油水分离

一瓶"脏"水里面可能有油、泥土等悬浮物，还会有另外一些使水变质的东西，需要怎样处理才能将其净化？最后能得到多少体积的干净水？在这个实验探究活动中，我们将运用油水分离的方法，将"脏"水中所含的油与水分离开。

81

探索主题

水的净化——油水分离

提出假说

水和油是两类不同的物质，其中，水属于无机物大类，油属于另一大类——有机物。油可以分为很多种类，如我们所说的各种燃烧用油，包括汽油、煤油、柴油等；还有我们食用的油，包括动物油、茶油、花生油等；还有一些护肤品的组成成分，包括甘油等。一般来说，不同类的物质不能互相溶解，如果将它们混合在一起，它们就会分层（在此指的是两种液体），密度小的在上面，密度大的在下面。油和水互不相溶，将它们混合静置，将会形成两层——油漂浮在水上。

实验材料

1 两个 150 毫升的烧杯

2 一只量筒

3 一个漏斗

4 铁架台（含铁圈）

5 一段胶皮管

6 一个止水夹

7 肥皂或洗洁精

搜集资料

到图书馆或上网查找相关资料：水、油、液体的分离。

安全提示

使用玻璃仪器时应小心，避免打碎。若需要处理已破损的玻璃仪器，应注意安全，防止划伤。

·实验设计·

油和水是典型的互不相溶的液体。将其混合液在漏斗中静置会出现分层，油在上层，水在下层。打开漏斗下面的开关，水就流下来了，等到水快要流完的时候，将开关关闭，留在漏斗中的就是油。

·实验程序·

1. 取100毫升"脏"水，用量筒准确测量其体积并记录。
2. 在"处理前"一栏中记下样品的性质：颜色、清澈度、气味。
3. 将漏斗置于铁架台的铁圈上，在底端套上胶皮管。
4. 用止水夹夹住胶皮管。振荡"脏"水样品，将其一半倒入漏斗，静置几秒钟，直至液体分层。
5. 小心地打开止水夹，让下面一层的液体流入150毫升的烧杯中。当下面一层液体流完时，迅速夹住胶皮管。
6. 将剩下的液体倒入另一个150毫升的烧杯中。
7. 将剩下的样品水重复步骤4—6，分离的液体倒入相应的烧杯中。
8. 在老师的指导下处理上面的油层，观察分离后的水层的性质，测量其体积并记录。
9. 用肥皂或洗洁精清洗漏斗，并用水冲洗干净。

·实验数据· 油水分离实验的情况分析

实验过程	颜色	清澈度	气味	体积
处理前				
油水分离后的油				
油水分离后的水				

分析讨论

① 油和水为什么会分层？

② 分层的两种液体哪种在上面，哪种在下面？

③ 怎样把下面的液体放掉？

④ 下面的液体如何处理？

发散思考

① 保证实验成功的关键是什么？

② 将油水混合物倒入漏斗后，不静置，能将它们分离吗？

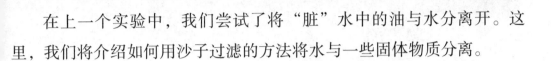

"脏"水的净化之二：沙子过滤

在上一个实验中，我们尝试了将"脏"水中的油与水分离开。这里，我们将介绍如何用沙子过滤的方法将水与一些固体物质分离。

·探索主题·

水的净化——沙子过滤

提出假说

沙子能够过滤水中的杂质。

搜集资料

到图书馆或上网查找相关资料：过滤、水的净化。

实验材料

1. 一只量筒
2. 一个纸杯
3. 一枚曲别针
4. 一些碎石
5. 一些沙子
6. 一个烧杯

安全提示

使用曲别针时应注意安全，防止受伤。

·实验设计·

我们常用过滤的方法分离固体和液体的混合物，过滤的方法有很多种，在实验室中，我们往往用漏斗来过滤。其实，在大自然中，地表水渗透到地下含水层时，土壤就起到了过滤的作用——将固体留在了土壤中。在这个实验中，我们将模拟土壤过滤的过程，对水进行初步的净化。当然，水的净化过程不是只有这一步。

· 实验程序 ·

1 取100毫升"脏"水，用量筒准确测量其体积，并记录下来。

2 在"处理前"一栏中记下样品的性质：颜色、清澈度、气味。

3 用曲别针在纸杯底部戳几个小洞（见图1）。

4 将预先润湿的碎石和沙子如图2所示堆积在纸杯里。纸杯底部的碎石可以防止冲洗时细沙穿过小洞，上部的碎石是为了防止冲洗时细沙的移动。

5 轻轻地将水倒入杯里过滤，将滤液引入烧杯中。

6 按照老师的指导处理好用过的沙子和碎石，不能将沙子和碎石倒入下水道。

7 观察，测量水的体积并做记录。

杯子底部

曲别针

图1

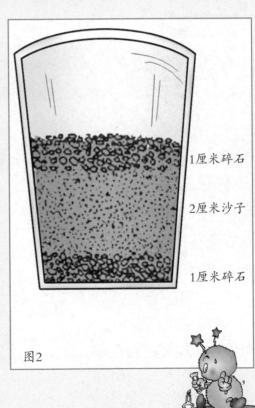

1厘米碎石

2厘米沙子

1厘米碎石

图2

· 实验数据 · 沙子过滤实验的情况分析

实验过程	颜色	清澈度	气味	体积
处理前				
处理后				

分析讨论

1 为什么要用曲别针在杯子的底部戳几个小洞?

2 在准备沙子过滤的装置时,碎石是怎样堆积的? 为什么?

3 在准备沙子过滤的装置时,沙子是怎样堆积的? 为什么?

发散思考

1 经过沙子过滤后,水的体积为什么会减少?

2 经过沙子过滤后的水是不是就已经干净了?

你知道吗？

　　1993年,联合国大会确定每年的3月22日是世界水日,以提高公众的节水意识。

"脏"水的净化之三：
活性炭吸附过滤

在前两个实验探究活动中，我们用到了油水分离和沙子过滤的方法，在这里我们介绍一下怎样用活性炭吸附的方法净化水。

探索主题

水的净化——活性炭吸附过滤

提出假说

活性炭能够吸附水中悬浮的物质。

搜集资料

到图书馆或上网查找相关资料：水的净化、活性炭吸附。

实验材料

1 一只量筒
2 滤纸
3 一个漏斗
4 一个锥形瓶
5 一个烧杯
6 铁架台
7 一些样品水
8 少许活性炭

安全提示

使用玻璃仪器时应小心操作，不要损坏仪器，以免伤到自己。

实验设计

活性炭吸附过滤：活性炭能吸附许多使水变味、变颜色、外观不透明的物质。养鱼的水槽使用活性炭过滤层也是同样的原因。

·实验程序·

1 本实验的基本装置与本书第83页类似，实验前先准备好实验数据记录表（见下页表格）。

2 取100毫升"脏"水，用量筒准确测量其体积并记录。

3 在"处理前"一栏中记下样品的性质：颜色、清澈度、气味。

4 按下图所示，将滤纸折好。

5 将折好的滤纸放在漏斗中，轻轻地打湿滤纸以便使滤纸紧贴漏斗内壁。将漏斗置于铁架台的铁圈中，降低铁圈的高度，使漏斗杆有2~3厘米贴于烧杯内壁。将活性炭放于125毫升或250毫升的锥形瓶里。

6 将样品水倒入锥形瓶里，用力摇动。然后轻轻地将液体倒入漏斗中，注意保持液面低于滤纸的顶部——使滤纸和漏斗间没有液体。

7 如果滤液因吸附了活性炭而有些发黑的话，用一张干净的、已润湿过的滤纸重新过滤。

8 当你对水的外观和气味感到满意后，将其倒入量筒，观察其性质，测量其体积。

9 离开实验室时将手彻底洗干净。

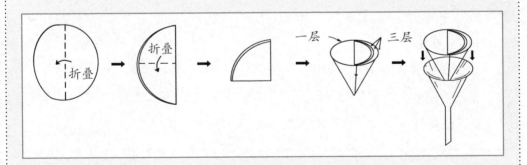

· 实验数据 · 活性炭吸附过滤实验的情况分析

实验过程	颜色	清澈度	气味	体积
处理前				
处理后				

分析讨论

❶ 在这个实验中，为什么要使用活性炭？

❷ 将水与活性炭充分振荡混合后，还要进行过滤操作，为什么？

❸ 样品水的体积减小了，为什么？

发散思考

❶ 养鱼的水槽也使用活性炭过滤层，为什么？

❷ 你已经知道了哪些净化水的方法？

你知道吗？

地球表面储存了大量的水，其中海水约占地球总水量的97%，而淡水只占地球总水量的约3%，这些淡水主要存在于南北极的冰原和浮在海洋中的冰山里，也存在于湖泊和地下水中。